APERÇU

DE

LA CONSTITUTION GÉOLOGIQUE

DU DÉPARTEMENT DU CALVADOS,

Par **H. HARLÉ**,

INGÉNIEUR EN CHEF AU CORPS IMPÉRIAL DES MINES.

(Extrait de l'*Annuaire du Département* pour 1853.)

CAEN,

Ve PAGNY, IMPRIMEUR DE LA PRÉFECTURE,

Rue Froide, 27.

1853.

APERÇU

DE LA

CONSTITUTION GÉOLOGIQUE

DU DÉPARTEMENT DU CALVADOS (1).

SITUATION GÉOLOGIQUE.

TERRAINS DE SOULÈVEMENT.

Le département du Calvados se trouve placé sur la limite occidentale d'un vaste bassin secondaire qui s'est déposé autour de Paris, dans la partie septentrionale de la France et s'est même étendu de l'autre côté de la Manche, dans une partie de l'Angleterre.

Les différentes assises des terrains déposés dans ce bassin, plongeant de la circonférence vers le centre, en s'enfonçant sous des assises supérieures qui les recouvrent, il en résulte que, lorsqu'on traverse le Département de l'Ouest à l'Est, on rencontre

(1) Cette Notice est un cadre qui, développé, deviendrait l'explication d'une carte géologique détaillée du Département. On y a exposé très-succinctement les résultats principaux des observations sur la géologie du Département déjà publiées par M. de la Bèche (Transactions de la Société géologique de Londres, 2e année, T. I. 1822); par M. Hérault (Tableau des terrains du Calvados, 1824); par M. de Caumont et par M. E. Deslongchamps dans les Mémoires de la Société Linnéenne de Normandie, et par M. l'inspecteur général des Mines Dufrenoy dans l'explication de la Carte géologique de la France auxquelles se sont ajoutées les observations personnelles de l'Ingénieur chargé depuis 1845 du service minéralogique du Département.

successivement, à la surface du sol, des assises de plus en plus élevées dans la série des terrains composant l'écorce terrestre.

C'est particulièrement dans les falaises qui bordent la mer, d'Isigny à Honfleur, qu'on peut facilement observer cette succession de couches ; aussi, cette côte est-elle depuis longtemps citée comme un lieu remarquable pour les études géologiques.

La limite des terrains secondaires suit sensiblement, dans le Département, une ligne dirigée de l'Ouest à l'Est, de Saint-Fromond à Littry, puis tournant au Sud-Est en passant par Villers-Bocage, Harcourt et Falaise.

Au-delà de cette limite, on rencontre immédiatement les terrains de transition qui formaient de ce côté le rivage et le fond des mers dans lesquelles se sont faits les dépôts secondaires.

Les couches composant les terrains de transition, très-relevées et bouleversées, tandis que les couches secondaires, toutes en stratification concordante, ont à peine des inclinaisons de 2 p. %, montrent que cette contrée a été soumise pendant l'époque de transition à l'action de révolutions terrestres qui ne s'y sont plus renouvelées depuis le commencement de l'époque secondaire. Il n'en a pas été de même dans les autres parties de la France où, depuis cette dernière époque jusqu'à l'époque actuelle, se sont succédées des révolutions assez fortes pour produire des chaînes de montagnes telles que les Pyrennées et les Alpes.

Après avoir traversé une bande de ces terrains de transition, on rencontre à Vire la limite d'un long massif granitique dont l'origine date des soulèvements qui ont bouleversé les terrains de transition. Ce massif s'étend jusqu'au bord de la mer, à travers le département de la Manche, en formant une suite de hauteurs fort arrondies qui atteignent, aux environs de Vire, une élévation de 338 m au-dessus du niveau de la mer.

Le rocher sur lequel se trouvent les ruines de l'ancien château de Vire, présente un contact remarquable de granite avec des schistes de transition micacés dont on voit des lambeaux complètement enveloppés de granite.

Il résulte toujours de ces contacts une altération qui, jusqu'à une certaine distance, donne aux schistes un aspect maclifère qui se retrouve le même dans toute la contrée, et, lorsqu'on l'observe, on peut être assuré de se trouver dans le voisinage d'un contact de primitif.

L'extrémité de ce massif granitique s'étend au-delà de Vire, sur quelques communes du Département, et on y exploite de différents côtés, de gros blocs de beau granite gris, à grains fins (*granite de Vire*) qui s'exportent au loin.

On trouve à la Bellière, sur la route de Vire à Condé, une carrière de Pegmatite exploitée pour l'entretien des routes. Cette roche remarquable par son feldspath lamelleux, renferme beaucoup de cristaux de tourmaline noire.

La pegmatite se retrouve de plusieurs côtés dans le schiste maclifère où elle paraît former des filons.

TERRAINS DE TRANSITION.

Les terrains de transition se voient à la surface du sol dans tout l'espace qui sépare le massif primitif de Vire de la limite du bassin secondaire indiquée plus haut. On peut même les voir encore au jour, jusqu'à une certaine distance au-delà de cette limite (là où ils formaient le fond des mers secondaires, et, par conséquent, sous les couches secondaires qui les recouvrent), dans quelques vallées, telles que celles de l'Odon, de la Guigne, de l'Orne, de la Laise, etc., qui pénètrent dans l'intérieur du bassin comme de profonds sillons, et qui ont beaucoup plus de profondeur que les couches secondaires n'y ont d'épaisseur.

On observe dans les terrains de transition deux systèmes de couches très-différents l'un de l'autre par leur nature et par la position qu'ils occupent. Le système inférieur, appelé *Cambrien*, qui sert de base à toute la formation, est généralement composé de schiste argileux diversement coloré et de grauwacke à grains fins, en couches relevées presque verticalement et très-contournées, affectant une direction Est 20° Nord-Ouest 20° Sud. Il est surmonté, en stratification discordante, par l'autre système, appelé *Silurien*, principalement composé de couches de grès beaucoup moins relevées que les précédentes et dirigées Est 30° Sud-Ouest 30° Nord.

Cette différence de stratification montre que la configuration du sol fort accidenté dans toute cette partie du Département (elle commence le Bocage normand), est le résultat de deux soulèvements : le premier avait relevé les schistes cambriens avant le dépôt des grès siluriens, et le second, en soulevant les deux systèmes, a formé la chaîne de hautes colines connues sous le nom de bruyères de Clécy et donné à la contrée son relief.

Tandis que la masse cambrienne est continue et occupe le fond des vallées et la partie inférieure des hauteurs, les couches siluriennes, au contraire, sont découpées en lambeaux qui forment les crêtes de ces hauteurs et s'élèvent au Montpinçon, près d'Aulnay, à 359 m au-dessus de la mer.

On peut observer des coupes de couches cambriennes dans beaucoup d'endroits, mais elles sont particulièrement belles dans la vallée de l'Orne, près d'Harcourt; on y rencontre également des superpositions de grès siluriens sur la tranche des schistes.

Les couches siluriennes forment une suite de bandes dont la direction générale est celle indiquée plus haut, Est 30° Sud-Ouest 30° Nord, et qui alternent avec des intervalles de schistes.

Les premières bandes vers le Sud, partant des bruyères de Clécy, s'étendent au delà de Falaise dans les petites chaînes de grès de Cordey et de Villedieu-les-Bailleul.

On peut en observer une belle coupe en montant la chaîne de Cordey, à partir de la Baise, par l'ancien chemin de Putange à Falaise. On y marche sur la tranche des couches où se montrent successivement des poudingues, des grès à pâte rougeâtre remplis de grains blancs de feldspath décomposé, des calcaires (assez fréquents d'ailleurs dans les couches siluriennes), des schistes noirâtres et des grès quartzeux.

Une autre bande, en partie recouverte par les couches secondaires, se voit au jour dans la vallée de la Laize où elle renferme une couche de minerai de fer à Urville, et dans la vallée du Laizon aux rochers de la Brèche-du-Diable et de Rouvre. Ses crêtes les plus élevées percent le sol, au-dessus des couches secondaires, à Olendon et à Perrières.

Une dernière bande, qui s'étend également sous les couches secondaires[1], se voit près de Caen, à May et à Feuguerolles dans la vallée de l'Orne, et à Mouen et Baron dans la vallée de l'Odon. Dans l'espace qui sépare ces vallées, on peut encore suivre à la surface du sol, par Maltot et Fontaine-Etoupefour, une crête de couches de grès qui ont dû former un long rocher dans les mers secondaires.

On trouve dans cette dernière bande silurienne des couches de marbre assez puissantes qui s'étendent de Fontenay-le-Marmion à Vieux, des grès quartzeux remarquables par leurs fossiles (trilobites, conulaires, orthocères, térébratules, etc.) et, à Feuguerolles, un calcaire noir, bitumineux, accompagné de schistes noirs, micacés et charboneux, et renfermant beaucoup de fossiles (orthocères, graphtolites, productus, etc.).

Les schistes cambriens qui succèdent encore à cette bande silurienne, disparaissent bientôt après au fond des vallées de l'Orne et de l'Odon, et se trouvent déjà à 40^{m} de profondeur sous la ville de Caen; ce qu'ont constaté des forages exécutés pour la recherche de sources artésiennes.

En parlant des terrains de transition, on doit encore y signaler la présence de roches amphiboliques qui les ont percés et se montrent au jour en plusieurs endroits à Vieux, Pierrefitte, Orbois, etc.

On doit aussi faire observer qu'on remarque dans certaines parties des couches siluriennes les traces d'une action très-puissante qui a déplacé des blocs énormes à Falaise et surtout à Mortain (Manche), et produit de grandes dénudations.

TERRAIN HOUILLER.

A la fin de l'époque de transition, il existait dans le Calvados, immédiatement au delà et au Nord de la ligne indiquée plus haut de Saint-Fromond à Littry, comme appartenant à la limite où les terrains de transition disparaissent sous les terrains secondaires; il existait, disons-nous, une très-forte dépression du terrain cambrien sur le bord et au fond de laquelle s'est fait un dépôt houiller qui paraît s'étendre de Littry jusqu'au Plessis (département de la Manche).

Ce dépôt, étant partout recouvert par les terrains secondaires du trias qui s'étendent jusqu'au contact du terrain cambrien, ou par des sables plus modernes, et ne paraissant au jour que dans quelques minces affleurements, n'est connu que par les travaux souterrains de la mine de Littry.

Il s'est fait sur un fond déjà bouleversé par des soulèvements et des épanchements porphyriques que les puits et les sondages de la mine ont rencontré de beaucoup de côtés, et qui paraissent au jour dans les monticules de Montmirail et de Baynes, près Littry.

C'est dans les dépressions que laissaient entre elles les élévations porphyriques souterraines qu'on a découvert les quatre petits bassins houillers connus près de la limite méridionale de la formation houillère et qui sont séparés l'un de l'autre par ces élévations.

Le bassin le plus important (ancien bassin de Littry) se trouve sous la partie de la commune de Littry appelée le Bourg-de-la-Mine. Il a la forme d'une ellipse dont les axes seraient de 1,000 et de 760 mètres, et contient une veine de 1^{m} 80 de puissance qui s'étend assez horizontalement, à 110^{m} de profondeur, excepté dans la partie méridionale du bassin où elle s'est déposée sur la déclivité d'une longue élévation porphyrique et se relève jusqu'à 13^{m} du sol.

Cette masse porphyrique se trouvait adossée, du côté opposé, à un rocher escarpé de schiste cambrien dont elle n'était séparée que par un vide long et très-étroit qui s'est aussi rempli de houille, en formant ce qu'on appelle à Littry, la veine Préaux.

Le puits Besnard, qui sert à l'exploitation de cette partie de la mine, est percé dans le terrain cambrien et les galeries traversent la veine Préaux et la masse porphyrique avant d'atteindre le pendage de la veine principale.

Dans cette partie relevée de la mine, la veine est recouverte immédiatement par un poudingue qui forme le plafond des galeries; mais, à mesure qu'on descend dans les parties plus profondes, le poudingue et la veine s'écartent jusqu'à se trouver séparés par une masse de schiste de 20^{m} d'épaisseur qui renferme deux petites veines de houille, exploitées toutes les deux.

La partie supérieure de ces schistes contient quelques empreintes végétales.

A 165 m. à l'Est de l'extrémité des travaux de ce bassin, se trouve le Bassin Noël qui ne contient qu'une petite veine de 50 à 60 centimètres de puissance, à la même profondeur que celle de l'ancien bassin.

Les deux autres petits bassins (Fosse Floquet et Fosse Lance) sont beaucoup plus à l'Ouest et à 2 kilom. au Nord du dernier, se trouvent les nouveaux travaux de la Fosse Fumichon (commune de Saint-Martin-de-Blagny) qui, après avoir traversé en profondeur 170m de trias et 30m de grès et de schistes houillers, ont rencontré une belle veine de houille qui se poursuit horizontalement avec une puissance de 1 m. 20.

Au delà, plus au Nord, tout est inconnu quant au terrain houiller ; on sait seulement par un sondage entrepris à Engleville, sur la commune de Briqueville, que l'épaisseur du trias augmente considérablement, car, à 270m de profondeur, le sondage ne l'avait pas encore traversé.

TERRAINS DU TRIAS.

En Normandie, les terrains du trias succèdent immédiatement au terrain houiller dans l'ordre de superposition, et le recouvrent ainsi qu'on vient de l'exposer. Ils ont rempli le fond d'un golfe profond de la mer triasique dont les bords passaient dans le département de la Manche par Valognes, St-Sauveur-sur-Douve, le Plessis, Perrier, le Mesnil-Eury et St-Fromond, et dans le département du Calvados par Littry, le Tronquay, Noron et les environs de Bayeux où les couches jurassiques en font perdre la trace.

La partie du sol du Département, occupée par ce terrain, a la forme d'un triangle borné à l'Ouest par la limite du département de la Manche, d'Isigny à St-Fromond ; au midi, par le contact des terrains de transition, de St-Fromond à Littry, et, au Nord-Est, par les hauteurs jurassiques qui forment le côté droit des vallées de la Tortone et de l'Aure inférieure.

L'épaisseur du trias y est fort considérable, car, aux 270 m. donnés par le sondage d'Engleville (qui offrent une alternance continuelle: 1° de grès rouges micacés; 2° de marnes schisteuses et souvent très-argileuses de plusieurs couleurs, mais principalement rougeâtres et 3° de calcaires gris-brunâtres), il faut ajouter l'élévation au-dessus de la vallée où a été placé le sondage, des hauteurs environnantes entièrement composées de trias, et qui n'est pas moindre de 50m. On connaît donc déjà 320m d'épaisseur de cette formation. Les alternances de couches du forage d'Engleville se reproduisent dans la partie supérieure et on y trouve, en outre, un poudingue à ciment calcaire qui, dans quelques endroits, devient très-magnésifère, ce qui l'a fait appeler *conglomerat magnésifère*.

Les chemins qui, partant de la route de Littry à St-Fromond, s'élèvent sur le plateau qui s'étend de Lison à St-Marcouf. présentent des coupes intéressantes de ces couches de grès, de calcaire et de marne; mais l'absence de fossiles empêche de pouvoir y établir des divisions et de reconnaître à quelles assises du trias on peut plus particulièrement les rapporter.

Immédiatement au-dessus, s'étendent des sables, des argiles et une alluvion de galets de grès silurien extrêmement roulés. Cette alluvion a débordé au loin vers le Sud-Est, sur des terrains de transition qui, jusque là, n'avaient pas encore été recouverts de dépôts triasiques.

On en rencontre des lambeaux assez minces recouvrant les couches de transition et recouverts eux-mêmes par les couches jurassiques, jusqu'à Falaise et même au-delà, dans le département de l'Orne.

Cette alluvion, inférieure aux couches jurassiques, contient des traces de marnes du trias et ne peut, par conséquent, en être séparée.

TERRAINS JURASSIQUES.

A l'opposé du trias dans lequel on ne peut établir de divisions, la formation jurassique de Normandie présente une suite d'étages et de sous-étages parfaitement distincts qui en ont rendu l'étude éminemment classique pour les géologues.

Premier Étage jurassique (*Lias*).

L'étage inférieur, généralement connu sous le nom d'étage du Lias, forme dans le Calvados une bande extrêmement étroite qui s'étend d'Isigny jusqu'à la vallée de la Seulles, près de Tilly. Il repose immédiatement sur le trias et s'enfonce, au Nord-Est, sous les autres étages jurassiques qui le recouvrent.

On y distingue deux sous-étages dont l'inférieur ne se voit, dans le Département, qu'aux carrières d'Osmanville et à Agy. Les carrières d'Osmanville étant ouvertes, en même temps, dans la partie supérieure de ce 1er sous-étage et dans la partie inférieure du sous-étage supérieur, on y rencontre leur séparation qui s'y présente avec des caractères très-tranchés.

Le 1er sous-étage se compose dans ces carrières : 1°, au fond des carrières, de bancs d'un calcaire blanchâtre, grenu et siliceux (*la pierre d'Osmanville*), pouvant se tailler en pierres de taille de petite dimension, et 2° d'un banc assez épais, appelé banc de fer à cause de sa dureté, dont la surface supérieure, usée et perforée montre,qu'à ce niveau, il y a eu une longue interruption dans les dépôts. Ce banc renferme beaucoup de débris fossiles fort peu déterminables et devient même, dans quelques parties, une vraie lumachelle. Immédiatement au-dessus, commence le 2e sous-étage avec une alternance de bancs calcaires et de lits argileux qui se prolongent sur toute son épaisseur, en même temps que paraissent des fossiles qui le caractérisent par leur extrême abondance: Ostrea ou Gryphea arcuata, Ammonites bisulcatus ou Bucklandi, Lima gigantea, Belemnites acutus (Miller), etc.

Le 1er sous-étage peut être beaucoup mieux étudié dans le département de la Manche où on en voit une plus grande épaisseur à Valognes, Yvetot, Orglandes, Picauville, etc. Du côté de Chef-de-Pont on retrouve, dans sa partie supérieure, la même surface perforée qu'à Osmanville.

A Orglandes, Cauquigny et Beaute on voit, dans la partie inférieure, un lit très-remarquable uniquement composé de peignes et de limes: (*Pecten et Lima Valoniensis*, (Defrance).

L'épaisseur totale de ce sous-étage ne paraît pas devoir dépasser une vingtaine de mètres.

Le deuxième sous-étage, ou lias à gryphées arquées, conserve ses mêmes caractères dans toute la longueur de la bande qu'il forme dans le Calvados à Osmanville, Trévières, Saon, Crouay, Longeau, Agy, Suble, ainsi que dans le lambeau qui s'étend vers Vouilly et Castilly, et dans le lambeau détaché de Lépinay-Tesson. Il ne doit pas avoir plus de 30 à 40 mètres d'épaisseur.

Les couches plongeant au Nord-Est, on n'en aperçoit plus que la partie supérieure, recouverte par l'étage suivant, dans la vallée de la Seulles, à Vieux-Pont.

Deuxième Étage jurassique (*Marnes du Lias*). (1)

On a donné au second des étages de la formation jurassique le nom de Marnes-du-Lias, maintenant adopté dans la magnifique collection paléontologique de l'Ecole des Mines de Paris.

Cet étage a recouvert la plus grande partie de la superficie du précédent en même temps qu'il s'étendait beaucoup plus loin vers le Sud-Est où il débordait sur de vastes étendues de trias et de terrains de transition que la mer jurassique semble n'avoir pas dû recouvrir auparavant.

Des environs de Bayeux à ceux d'Harcourt, cet étage conserve les mêmes caractères et on y distingue quatre divisions ou sous-étages parfaitement tranchés. Au delà d'Harcourt, vers Falaise ; puis dans le département de l'Orne à Habloville et à Alençon, et même dans la Sarthe à la butte Chaumiton sur le revers de la forêt de Perseigne, l'étage se trouve beaucoup moins développé ; cependant, on peut encore en reconnaître des lambeaux caractérisés par leurs fossiles.

La grande carrière de Suble près Bayeux, ouverte dans le côté droit de la vallée de la Drôme, est l'endroit où on peut le

(1) Cet étage correspond exactement à la sous-division des terrains jurassiques, appelée par M. Hérault, oolithe inférieure.

M. E. Deslongchamps appelle Lias supérieur, l'ensemble des trois premiers sous-étages qui correspond à la sous-division des marnes du lias de M. Dufrenoy. (Explication de la Carte géologique de la France, T. II, page 175.)

mieux observer la position de cet étage sur le lias à gryphées arquées qu'on reconnaît dans la partie inférieure de la carrière à ses gryphées et à ses bélemnites. Au dessus, se trouve une assez grande épaisseur de bancs calcaires sans fossiles qui servent de base aux premières couches du premier sous-étage des Marnes-du-Lias, caractérisé par l'apparition de l'Ostrea cymbium et de nouvelles espèces de Bélemnites en même temps que par la disparition des fossiles de l'étage inférieur.

Ce premier sous-étage commence par un lit argileux, contenant la Bélemnite *brevis* (Blainville); puis, viennent un fort banc de calcaire gris bleuâtre, déjà remarquable par l'abondance des Bélemnites, et un banc mince de marne noirâtre où cette abondance devient extrême, particulièrement pour les variétés de la Bélemnite *exilis* (d'Orbigny) qui ne reparaît plus dans les bancs suivants.

Cette marne est recouverte par un banc calcaire auquel succède un autre banc assez épais d'argile bleuâtre (*blanc-bleu*) encore rempli de nouvelles espèces de Bélemnites, entre autres des Bélemnites *umbilicatus et clavatus* (*Blainville*), et de variétés de la Bélemnite *paxillosus* (Schlotheim).

Suivent encore plusieurs assises de calcaires et de marnes terminées par un banc épais de calcaire dont la pâte contient souvent en abondance des oolithes ferrugineuses très-fines, et qui se trouve lardé de tous côtés par de grandes Bélemnites de l'espèce *paxilloxus*. Ce banc, appelé Roc dans toutes les carrières où il est exploité, termine le sous-étage.

En outre des Bélemnites qui y jouent le principal rôle et l'ont souvent fait appeler calcaire à Bélemnites, on rencontre dans ce premier sous-étage, entre autres fossiles communs et caractéristiques, les espèces suivantes :

Ostrea cymbium;
Pecten equivalvis (Sowerby);
P — disciformis (Schübler);
Ammonites margaritatus (Montfort);
A — planicosta (Sowerby);
A — annulatus (d°);
A — Henleyi (d°);

Ammonites Valdani (d'Orbigny);
A — spinatus (Bruguière);
Spirifer rostratus (de Buch);
Plicatula spinosa (Sowerby) ou pectinoïdes;
Rhynconella variabilis
Rh. — acuta;
Terebratula numismalis;
T — quadrifida;
T — cornuta;
T — resupinata;
Pleurotomaria rustica (E. Delongchamps);
P — suturalis (d°);
etc.

L'épaisseur de ses couches est de cinq à six mètres.

Le deuxième sous-étage commence, immédiatement au-dessus du banc que nous venons d'appeler le Roc, par un lit argileux, fort mince, caractérisé par l'apparition d'une nouvelle Bélemnite décrite dans la Paléontologie française de M. d'Orbigny sous le nom de B. *Canaliculatus* (Schlotheim), et qui ne se rencontre qu'à ce niveau.

Ce lit est recouvert par une couche de marnes jaunâtres et bleuâtres, de deux à trois mètres de puissance, dans laquelle on a trouvé, à Curcy et aux environs, beaucoup de restes de poissons et de sauriens.

A cette marne succèdent plusieurs bancs calcaires entremêlés d'argile et caractérisés par une très-grande abondance des fossiles suivants :

Belemnites tripartitus (Schlotheim), beaucoup de variétés;
Ammonites serpentinus (d°);
A — Bifrons (Bruguière), ou Walcotii (Sowerby);
A — communis (Sowerby).

On y trouve aussi la Bélemnite *Tessonianus* (d'Orbigny).

La plus grande épaisseur de ce sous-étage ne dépasse pas cinq mètres.

Le troisième sous-étage, qui recouvre ces derniers bancs, prend un autre caractère et se rapproche d'une oolithe à grains ferrugineux dans les endroits où la roche n'est pas décomposée et passée à l'état terreux.

Les fossiles les plus abondants sont de nouvelles espèces d'ammonites qui viennent remplacer celles du second sous-étage qui ont déjà disparu :

Ammonites opalinus (Reinecke), ou primordialis (Schlotheim);
A — radians (d°);
A — Comensis (de Buch);
A — variabilis (d'Orbigny).

On y trouve aussi la Térebratule ou Rhynconella ringens. La Bélemnite *tripartitus* y finit et l'*abbreviatus* (Miller) y commence; la Bélemnite *longisulcatus* (Voltz) s'y trouve, mais elle est rare.

Ce sous-étage est fort mince, c'est tout au plus s'il a deux mètres d'épaisseur.

Le 4° sous-étage (1) qui complète dans le Calvados l'étage des Marnes du Lias, est formé de bancs d'un calcaire gris, ordinairement assez dur, quelquefois sableux et entremêlé de marne grisâtre dans laquelle sont disséminés des blocs calcaires. La partie supérieure, surtout du côté de Bayeux, renferme en outre des lits de silex.

Ce sous-étage est particulièrement caractérisé par la Bélemnite *unicanaliculatus* (Hartmann) qui s'y rencontre en grande abondance et sous des formes très-variées. On y trouve également l'*abbreviatus* que nous avons vu faire son apparition dans le sous-étage précédent.

On peut encore citer parmi les fossiles qui peuvent servir à faire reconnaître ce 4e sous-étage :

Terebratula perovalis (dans la partie inférieure);
T — globata (Sowerby);
Modiola plicatilis;

(1) Ce sous-étage est la partie de l'oolithe inférieure de M. Hérault à laquelle M. Dufrenoy conserve ce même nom. (Explication de la Carte géologique, T. II, page 177.) — M. Deslongchamps, lui conservant le nom que les carriers donnent au genre de moëllons qu'on en tire, l'appelle la malière.

Lima heteromorpha (E. Delongchamps) ou transversa ;
Pecten barbatus ;
P — personatus? — caractérisé par dix ou onze côtes intérieures très-fines ;
Ammonites concavus.

La partie supérieure de ce sous-étage se termine par un lit marneux, rempli de très-grosses oolithes ferrugineuses, qui sert de base à l'étage suivant et c'est principalement à la partie inférieure de ce lit qu'on rencontre la Bélemnite *giganteus* (Schlotheim) accompagnée des Ammonites Murchisonæ et Sowerbyi, du Pleurotomaire fasciata (E. Delongchamps) et de plusieurs autres fossiles.

On peut évaluer l'épaisseur de ce 4e sous-étage à 7m et l'épaisseur totale de l'étage à 20m, en observant toutefois qu'elle est très-loin d'être régulière.

On a voulu, par ce qui précède, donner une idée de la manière dont les fossiles les plus communs et les plus connus se trouvent répartis dans les différentes couches de l'étage des Marnes du Lias lorsque ces couches sont aussi au complet qu'aux environs de Caen.

Plus loin, du côté de Falaise, on ne retrouve plus que la partie supérieure du 1er sous-étage recouverte par le 2e sous-étage de l'étage suivant avec une lacune de quatre sous-étages intermédiaires.

Les Marnes du Lias étant presque complètement recouvertes par le 3e des étages jurassiques, qui occupe la partie élevée des plateaux dans cette partie du grand bassin secondaire, ou par des alluvions épaisses, ne paraissent guère au jour que sur le flanc des vallées où, sous la forme d'un ruban très-étroit et très-contourné, elles séparent le 3e étage jurassique des terrains inférieurs (Lias, Trias, Terrains de transition) qui occupent le fond des vallées.

On observe des coupes de l'ensemble de l'étage en suivant les routes qui traversent la vallée de la Guigne à Fierville et Évrecy, ainsi que sur la route de Caen à Vire, entre Bretteville et Verson, à 6 kilom. de Caen.

Les carrières où on peut le mieux étudier le premier sous-étage sont à Crouay, Agy, Suble, Arganchy, Gueron, Vieux-Pont, Tilly, Monts, Pont-de-Lande, Curcy et Croisille.

Le second sous-étage se voit très-bien à Curcy, à Croisille, à Amayé, à Fontaine-Etoupefour et à Verson.

Le troisième, ne fournissant pas de bons matériaux, n'est pas exploité et ne se voit que dans fort peu de carrières. Celles de Baron et de Croisille sont les plus convenables pour en étudier les détails. On en voit une coupe dans un chemin, à Monceaux près Bayeux.

Le quatrième sous-étage est exploité à Feuguerolles, à Vieux, à N.-D.-d'Equay, à Fontaine-Etoupefour, à Vaux-sur-Seulles et à St-Vigor près Bayeux.

On le voit encore sur la grève, au pied des falaises, entre Port-en-Bessin et Ste-Honorine, et dans les carrières des Moutiers.

Troisième Étage jurassique.

Etage inférieur du système oolithique.

Le troisième étage des terrains jurassiques, connu sous le nom d'étage oolithique inférieur, occupe dans le Département une beaucoup plus grande étendue que les deux précédents. Il y forme une grande bande qui, après l'avoir traversé du Nord-Ouest au Sud-Est avec une largeur de 20 kilomètres, se poursuit ensuite dans le département de l'Orne. Cette bande commence en pointe aux rochers de Maisy dans la baie des Veys, longe le littoral jusqu'à l'embouchure de l'Orne et remplit, dans l'intérieur des terres, toute la plaine de Caen entre les vallées de la Seulles et de la Dives.

Au Sud-Ouest, cet étage est constamment bordé par les Marnes du Lias, et il disparaît, au Nord-Est, sous des hauteurs formées par les argiles de l'étage suivant.

On y distingue trois sous-étages :

Le premier, connu sous le nom d'Oolithe ferrugineuse et dont l'épaisseur ne dépasse pas un mètre, est composé d'un calcaire compacte dans lequel sont disséminés, en grande abondance, des grains assez fins d'oolithe ferrugineuse.

Cette couche est rendue très-remarquable par ses nombreux fossiles parmi lesquels on peut citer particulièrement :

Belemnites sulcatus (Miller) ;
Ammonites Parkinsoni ou interruptus ;
A — Garantianus ou bifurcatus ;
A — Niortensis ;
A — Martiusii ;
A — subradiatus ;
A — Humphresianus ;
A — Brackenridgii ;
A — Gervillii ;
Toxoceras Orbignyi ;
Melania procera (E. Delongchamps) ;
M — coarctata —
M — undulata. —
M — scalariformis (Deshayes) ;
Pleurotomaria mutabilis (E. Deslongchamps) ;
P — granulata ; —
P — ornata ; —
P — gyroplata ; —
P — gyrocycla ; —
P — proteus ; —
P — armata (Munster) ;
Trigonia costata ;
Lima gibbosa ;
L — proboscidea ;
Astarte detrita ;
Terebratula spheroïdalis ;
T — spinosa.

Les carrières où on peut le mieux étudier cette couche, se trouvent à St-Vigor et à Sully, près Bayeux ; à Fontaine-Etoupefour, à Bretteville-sur-Odon, au Mesnil-de-Louviguy, à Eterville et à St-André-de-Fontenay, près Caen et aux Moutiers, près d'Harcourt. On la voit aussi sur la côte près de Ste-Honorine, au pied de la falaise.

Le deuxième sous-étage (1) commence, immédiatement au-dessus de cette couche d'oolithe ferrugineuse, par un calcaire d'un tissu lâche et tendre dans lequel se voient encore des grains ferrugineux décomposés qui disparaissent dans les bancs plus élevés.

Au nord de Bayeux, ce calcaire est recouvert par une épaisseur de 35 m. de calcaire marneux, de marnes et d'argiles bleues (argiles de Port-en-Bessin) qu'on peut observer dans la haute falaise qui s'étend d'Arromanches à Grandcamp. Au sud de Caen, au contraire, le sous-étage ne renferme que des calcaires ainsi qu'on peut s'en assurer facilement en suivant un chemin qui, partant de l'église de Fontenay-le-Marmion, se dirige vers Caen en montant une côte dans laquelle la tranche de tous les bancs se montre à découvert. L'église se trouve sur l'oolithe ferrugineuse et on rencontre, déjà parfaitement caractérisées, au haut de la côte, les couches du calcaire de Caen dans lesquelles sont ouvertes toutes les grandes exploitations de pierre de taille des environs.

Ce calcaire, si remarquable par les belles pierres qu'il fournit et la facilité avec laquelle il se travaille à la scie à dents et au rabot, est uniquement formé de lamelles extrêmement fines de calcaire spathique (Pierre de Caen).

Dans quelques bancs il alterne avec un calcaire plus compacte et cristallin qui fournit des pierres beaucoup plus dures (Pierre d'Aubigny et de Fontaine-Henri).

Des lits de silex marquent souvent la séparation des couches.

Si on suit le prolongement de cette masse calcaire dans la vallée de l'Orne, au nord de Caen, on la voit surmontée par des bancs épais d'un calcaire spathique, très-solide et très-résistant, composé à la fois de fossiles qui se croisent dans tous les sens et de chaux carbonatée cristallisée (Pierre de Ranville).

Le deuxième sous-étage se termine à la partie supérieure de ces derniers bancs par une surface usée, perforée et couverte d'huîtres aplaties (Banc de Chien), qui a dû rester longtemps à

(1) Ce sous-étage comprend l'oolithe blanche, le calcaire marneux, le calcaire de Caen et une partie du calcaire à polypiers de M. Hérault.

découvert au fond de la mer jurassique avant d'avoir été recouvert par de nouveaux dépôts.

Les fossiles qui étaient si abondants dans le premier sous-étage, deviennent assez rares dans celui-ci. Un des plus abondants dans les argiles aussi bien que dans les calcaires, est la Bélemnite *Bessinus* (d'Orbigny) dont l'apparition avait commencé à la partie supérieure de l'oolithe ferrugineuse. On doit y citer encore :

Ammonites polymorphus ;
Terebratula spinosa ;
T — carinata ;
T — spheroïdalis ;
Rhynconella plicatella ;
Ostrea, voisine de l'ostrea Marshii ;
Plusieurs genres d'Echinodermes et des polypiers.

La Bélemnite *hastatus* (Blainville) commence à y paraître.

On y trouve aussi, dans le calcaire de Caen, de magnifiques restes de Mégalosaures de Téléosaures et du Pékilopleuron Bucklandii (E. Deslongchamps).

La partie marneuse et argileuse de ce sous-étage se voit, avons-nous déjà dit, dans la haute falaise qui s'étend d'Arromanches à Grandcamp, et c'est particulièrement près de Sainte-Honorine qu'on trouve sa superposition à l'oolithe ferrugineuse.

On rencontre aussi dans cette falaise, près de Sainte-Honorine, plusieurs failles, dont une extrêmement remarquable qui s'est faite suivant un plan vertical presque parallèle à la direction de la falaise. Les couches ayant été fortement relevées au-delà de ce plan du côté de la mer, les bancs du calcaire supérieur à l'oolithe ferrugineuse qui forment la grève s'arrêtent comme coupées par ce plan et elles ont pour prolongement, de l'autre côté du plan, d'autres bancs appartenant au quatrième sous-étage des marnes du Lias.

Dans une saillie de la falaise qui dépasse ce plan, on voit la pointe de la falaise formée par ce quatrième sous étage surmonté de l'oolithe ferrugineuse et des premiers bancs calcaires qui la recouvrent, se détacher sur le reste de la masse où n'apparaissent que des marnes et argiles supérieures.

Les couches calcaires de ce sous-étage peuvent être observées dans toutes les carrières, depuis Orival et Ranville jusqu'aux Moutiers (on l'y exploite comme pierre à chaux), et jusqu'à Falaise.

A Éraines et à Villy-la-Croix, près Falaise, les couches reposent sur un lambeau du premier sous-étage des Marnes du Lias.

L'épaisseur totale de ce sous-étage peut être de 60 m. aux environs de Caen.

Le troisième sous-étage (*Calcaire à polypiers*) (1) commence immédiatement au-dessus des bancs de la pierre de Ranville, par une couche marneuse, très-riche en térébratules, qui forme un horizon géologique assez étendu entre Caen et la mer. On la voit dans la vallée de l'Orne à Ranville, à droite et à Bénouville, à gauche; on peut ensuite la suivre dans la partie supérieure des côteaux qui bordent le vallon où coule le ruisseau du Dan à Biéville, Beuville et Perriers, et on en retrouve le prolongement sur la côte, au niveau de la mer, entre Lion et Luc.

Toute la hauteur qui sépare Perriers de la mer appartient à ce sous-étage qui, dans cet endroit, n'a pas moins de 40 m. d'épaisseur.

Au-dessus de la couche marneuse qui lui sert de base, se trouvent des bancs calcaires, souvent fort durs, pénétrés en tous sens de polypiers et d'éponges (Caillasse de Ranville) et surmontés d'une suite de couches d'un autre calcaire; celui-ci rempli de polypiers et d'autres fossiles de petite dimension, liés par une pâte toute pénétrée d'oolithes miliaires très-blanches (Pierre blanche), qui se terminent à la partie supérieure par une surface usée et perforée comme le banc de Chien de Ranville.

Ce troisième sous-étage occupe, au-dessus du précédent, la partie la plus élevée des falaises de l'arrondissement de Bayeux depuis Grandcamp jusqu'à Arromanches. Plus à l'Est, entre l'embouchure de la Seulles et celle de l'Orne, l'inclinaison générale

(1) Ce sous-étage correspond à la partie du calcaire à polypiers de M. Hérault, supérieure à la pierre de Ranville. La pierre blanche de M. E. Deslongchamps (Mémoire de la Société Linnéenne, T. VI) s'y trouve comprise.

des couches l'abaisse au niveau des falaises basses de Saint-Aubin à Lion, où il reparaît tout seul.

Dans l'intérieur de l'arrondissement de Caen, il recouvre une partie des calcaires du second sous-étage et s'étend vers l'Est où il disparaît sous les hauteurs argileuses qui bordent la plaine de Caen de ce côté.

On le voit près de Falaise dans les monts d'Éraine.

Les principaux fossiles qu'on peut y citer, sont :

Ammonites subbackeriæ ;
A — arbustigerus ;
A — planula ;
Nerinea Voltzii (E. Deslonchamps) ;
Pecten vagans (Sowerby) ;
Avicula ;
Terebratula digona ;
T — coarctata ;
T — maxillata ;
T — cardium ou fimbria ;
Rhynconella Bouetii (Davidson) ;
Apiocrinites rotundus (Miller) ;
Spiropora cespitosa (Lamouroux).

Quatrième Étage jurassique.

Etage moyen du système oolithique.

Le 4e étage jurassique, principalement composé de couches argileuses, forme une suite de hauteurs qui s'élèvent sur les couches supérieures du 3e étage et bordent la plaine de Caen à l'Est.

Une première ligne de hauteurs s'étend de la côte du Mesnil sur la route de Caen à Trouville, à celle de Moult sur la route de Paris, et se prolonge ensuite du côté de Mézidon.

Le sol s'y élève rapidement d'une soixantaine de mètres, puis s'abaisse en pente douce, en suivant l'inclinaison des couches vers l'Est, jusqu'à la grande vallée d'Auge au-delà de laquelle reparaît une seconde ligne de hauteurs de 130 à 140m d'élévation qui, partant de Dives sur le bord de la mer, se prolonge jusque dans le département de l'Orne. Cette dernière chaîne de hauteurs, couronnée de terrains crétacés et d'argiles tertiaires, est le commencement d'un grand plateau qui s'étend au loin, vers l'Est et ne laisse plus voir les terrains inférieurs que dans les vallées profondes qui le traversent. Les couches de l'étage oolithique moyen s'y montrent encore au fond des vallées de la Vie, de la Touque et de leurs affluents, ainsi que dans la haute falaise comprise entre Dives et Villerville, qui en offre une coupe magnifique.

Un premier sous-étage argileux inférieur à l'apparition de l'Ostrea *dilatata*, espèce fossile la plus répandue dans cet étage, forme toute la première chaine de hauteurs et le sol de la vallée d'Auge jusqu'au pied de la seconde chaîne. On y exploite de l'argile pour la fabrication des tuiles à Sannerville, à Argences et à Moult.

Les fossiles y sont rares, on peut cependant y citer :

Terebratula dentata ;

Ostrea, voisine de l'ostrea Marshii;

Ammonites tumidus (Zieten) ?

Du côté de Mézidon, on y observe des couches calcaires dont le prolongement dans le département de l'Orne, devient très-caractérisé et riche en fossiles, surtout aux environs d'Alençon.

Le second sous-étage (*Argile de Dives*) composé, sur une épaisseur de 46^{m}, de couches argileuses avec quelques lits minces de calcaire et de grès calcaire à grains ferrugineux, se voit dans la partie inférieure de la falaise de Dives tout au bas de laquelle il commence par une couche remplie d'Ostrea dilatata.

Dans l'intérieur des terres on reconnaît la présence de ces argiles dans beaucoup de points des vallées de la Vie et de la Touque, mais, nulle part dans l'intérieur du Département, elles ne se trouvent assez à nud pour qu'on puisse en étudier les différentes couches.

Pour faire cette étude, il faut aller rechercher le prolongement de ces couches beaucoup plus loin dans le département de l'Orne. Là, on remarque plusieurs bancs très-coquillers qui partagent le sous-étage en plusieurs assises, particulièrement un banc rempli par la Perne mytiloïdes qui succède à l'Ostrea dilatata, et un banc d'Ostrea gregarea situé un peu plus haut.

En outre des espèces fossiles qui viennent d'être mentionnées, on peut encore citer les suivantes comme assez communes dans l'argile de Dives :

Belemnites hastatus;
B — Altdorfensis;
B — excentralis ;
Ammonites cordatus ;
A — Duncani;
A — perarmatus;
A — Lamberti ;
A — plicatilis ;
Trigonia clavellata;
Terebratula impressa;
Pecten fibrosus ;
Ostrea Marshii ;
Avicula inæquivalvis ;
Gervillia aviculoïdes.

Ce sous-étage se termine à un banc de trigonies, très-étendu, qu'on peut observer au bas de la falaise d'Hennequeville et qu'on retrouve près de Lisieux, à la partie inférieure des carrières ouvertes dans le sous-étage suivant, le troisième du quatrième étage jurassique.

Ce troisième sous-étage (*Coral-Rag*) est composé de couches calcaires contenant dans quelques parties beaucoup d'oolithes blanches petites et bien arrondies, accompagnées de pisolithes. Dans d'autres parties, le calcaire est terreux et tachant, et, enfin, on rencontre encore dans ces mêmes couches, un calcaire assez dur, assez compacte et offrant par places des oolithes blanches peu distinctes.

Cet ensemble de couches, peu développé dans la falaise de Dives, forme la partie inférieure de la falaise d'Hennequeville et s'étend de là, par les vallées de la Touque et de la Vie, jusque dans le département de l'Orne.

Les endroits où on peut le mieux observer ces couches sont, après la falaise d'Hennequeville, les carrières des environs de

Lisieux et la côte de la Houblonnière sur la route de Caen à Lisieux. Le sous-étage étant recouvert par le dernier étage jurassique et les terrains crétacés, ne se voit que sur le flanc des côteaux élevés qui bordent les vallées. Il est caractérisé par l'abondance des polypiers qu'on y rencontre, surtout à la partie inférieure. On doit y citer aussi la Nérinée *Defrancii* (Dehayes) ou *nodulosa* (E. Delongchamps) qui remplit des couches aux environs de Lisieux. Dans l'Orne, près de Gacé, les parties supérieures contiennent des Dicérates en extrême abondance.

Ces couches calcaires, dont l'épaisseur ne peut pas dépasser 50ᵐ, se terminent à un banc de trigonies qui, à la pointe de Villerville, n'est plus séparé que par quelques couches de grès calcaire de la masse d'argile qui forme l'étage jurassique supérieur, caractérisé par la présence de l'Ostrea virgula et par des lits d'Ostrea deltoïdea qu'on voit sur la plage, à Criquebeuf, au niveau de la mer.

Dans les environs de Lisieux, à Glos et à Saint-Martin-de-la-Lieue, on retrouve le même banc contenant en abondance des trigonies, des gervillies et quelques autres genres de fossiles; mais, au lieu de grès, ce sont des masses de sable très-épaisses qui le recouvrent et il est très-difficile de reconnaître si ces sables se prolongent jusqu'à la formation crétacée, ou s'ils en sont séparés par des argiles du cinquième étage jurassique.

On voit dans la partie inférieure des sablières un lit de coquilles pareilles à celles des bancs coquillers sur lesquels les sables reposent, ce qui rattacherait ces sables au troisième sous-étage du quatrième étage jurassique; mais la présence d'un pecten quinquecostatus, trouvé à Glos dans la partie supérieure de la sablière, semblerait d'un autre côté, indiquer que ces sables sont crétacés et que les coquilles jurassiques qu'ils renferment sont des fossiles remaniés provenant de couches inférieures.

Ce qui est positif, c'est que le cinquième étage jurassique est très-peu étendu de ce côté et qu'un peu plus loin, à Vimoutiers, on voit les couches crétacées reposer immédiatement sur le quatrième étage jurassique. Cette lacune dans les dépôts peut provenir soit d'une dénudation antérieure au dépôt crétacé, soit d'un exhaussement du sol au-dessus du niveau de la mer jurassique pendant le dépôt du cinquième étage.

Cinquième Étage jurassique.

Étage supérieur du système oolithique.

Ce dernier étage n'ayant guère qu'une trentaine de mètres d'épaisseur et étant presque entièrement recouvert par les terrains supérieurs, ne peut être étudié dans le Calvados que d'une manière très-imparfaite.

La falaise entre Trouville et Villerville est le seul endroit où on en puisse voir quelques assises bien en place et à découvert. Les couches qui affleurent à Honfleur, au pied de la falaise, (*Argile de Honfleur*) et près de Pont-l'Évêque dans le fond des vallées, sont trop cachées par la terre végétale ou par les éboulis de la craie pour qu'on puisse faire autre chose que constater leur présence.

On doit encore faire observer, au sujet des couches argileuses de la formation jurassique, que, plus on s'éloigne des limites du grand bassin secondaire pour se rapprocher des parties centrales, plus les dépôts argileux prennent de développement. On en a une preuve dans le dépôt argileux de Port-en-Bessin qu'on ne retrouve pas au Sud de Caen, et elle se trouve confirmée par des forages poussés dans les terrains jurassiques, au Havre jusqu'à 208 mètres, et à Rouen jusqu'à 320, sans avoir dépassé les argiles du quatrième étage.

TERRAINS CRÉTACÉS.

Ainsi qu'on l'a déjà dit, les couches crétacées recouvrent la formation jurassique dans la partie orientale du Département, à partir des hauteurs qui bordent, à l'Est, la vallée de la Dive et de la Vie.

Ces couches qui se montrent dans la vallée de la Dive à la partie supérieure des hauteurs, s'abaissent graduellement en allant vers l'Est, et, avant Orbec, elles occupent déjà le fond des vallées. On les rencontre à mi-côte, au-dessus des dernières couches jurassiques, sur toute la longueur de la vallée de la Touque et on les retrouve sur le bord de la mer, occupant la même position dans les falaises de Dive à Honfleur.

Cette formation commence par une assez grande épaisseur de sables terreux d'un vert foncé, surmontés par des calcaires crayeux, micacés, passant souvent à un sable siliceo-calcaire et très-reconnaissables aux petits grains verts qui se trouvent disséminés dans leur masse et lui donnent souvent une teinte verdâtre.

Ces couches, qui appartiennent à la partie inférieure de la formation crétacée, généralement connue sous le nom de grès vert, en contiennent les fossiles, particulièrement les Pecten quinquecostatus et asper et le Catillus Cuvieri. Parmi les endroits où on peut en recueillir, nous citerons la côte Saint-Ursin, à la sortie de Lisieux sur la route de Paris.

Le grès vert est surmonté de couches de marnes crayeuses exploitées pour l'amendement des terres dans les arrondissements de Pont-l'Evêque et de Lisieux, et de craie blanche à silex qui se poursuit dans les falaises de la Seine-Inférieure.

On doit encore citer un très-petit lambeau de grès vert découvert dans la lande du Plessis-Grimoult, au milieu des terrains de transition. (*Topographie géognostique du Calvados*, par M. de Caumont, page 329.)

ARGILE AVEC SILEX.

Au-dessus de la craie s'étend une couche souvent fort épaisse d'une argile brune, remplie de silex et qui couronne toutes les hauteurs de manière qu'on ne peut voir les affleurements des couches de craie que dans les côteaux qui bordent les vallées.

Cette couche d'argile forme sur une très-grande étendue, dans les départements de la Seine Inférieure, du Calvados, de l'Eure et de l'Orne, etc., le sol d'un plateau découpé par de grandes vallées qui y sont ouvertes comme des sillons et dont la profondeur atteint jusqu'à 100^{m}.

Ces argiles contiennent aussi dans quelques endroits des masses irrégulières de grès exploités pour pavés et des amas de sable.

Ce n'est pas seulement au-dessus de la craie qu'on trouve ces argiles, elles s'étendent sur les terrains jurassique, vers la limite du bassin secondaire du côté des Moutiers et d'Evrecy, et on retrouve un dépôt analogue recouvrant les marnes du Lias au-delà de Bayeux sur les hauteurs de Cottun, de Crouay et de Blay.

ALLUVIONS SUPÉRIEURES.

On observe encore dans le Département plusieurs dépôts superficiels provenant d'alluvions :

1° Il en existe un près de Bayeux, recouvrant les couches jurassiques à Saint-Vigor et à Maisons. Il se compose de sables qui, dans quelques parties, contiennent une grande abondance de cailloux roulés, et ressemble beaucoup à l'alluvion triasique dont il a été question plus haut. On distinguera ces alluvions l'une de l'autre par la présence, à Saint-Vigor, de galets quartzeux qui manquent complètement dans l'autre alluvion uniquement composée de galets de grès silurien.

2° La première ligne de hauteurs formée par les argiles du quatrième étage jurassique à Bavent, St-Pair, Argences, St-Maclou, est couronnée par une autre alluvion composée d'argile renfermant des quartz roulés.

Il s'en retrouve une présentant les mêmes caractères sur le haut des falaises de l'arrondissement de Bayeux.

3° On observe en beaucoup d'endroits, dans la plaine de Caen, une alluvion argileuse contenant en abondance des galets de grès et de quartz peu roulés; particulièrement entre Allemagne et St-André-de-Fontenay, à mi-côte sur le côté droit de la vallée de l'Orne; à Louvigny et Eterville; entre Bretteville-sur-Odon et Verson, et sur les hauteurs qui s'étendent de St-Aubin d'Arquenay à Biéville.

4° Une autre alluvion argileuse s'étend au Nord de Caen, sur la plus grande partie du plateau de calcaire à polypiers qui sépare cette ville de la mer, et à l'Est, jusqu'à la vallée de la Seulles. Elle forme le fond de toutes les bonnes terres de cette contrée et leur donne leurs excellentes qualités comme terres de labour.

5° Enfin, on trouve dans la vallée de l'Orne à Hérouville et à Benouville, également sur les couches du calcaire à polypiers, une alluvion caractérisée par l'abondance des galets de grauwacke qu'elle renferme.

DÉPÔTS MODERNES.

La série des dépôts se termine dans le Calvados par des tourbières de peu d'importance, situées : 1° aux environs de Vimont dans les marais de Chicheboville, de Bellengreville et des Terriers ; 2° sur la côte à Anelles, à Deauville et à Pennedepie, et par de petits dépôts de tufs dus à des sources incrustantes qui sortent de la falaise près de Port-en-Bessin.

RAPPORT ENTRE LA NATURE DES TERRAINS ET L'ASPECT DU PAYS.

Après avoir exposé les faits principaux que présente l'étude des formations géologiques qu'on rencontre dans le Département, il nous reste à dire un mot du relief du sol et de l'aspect du pays qui, partout, sont en rapport avec la nature des terrains.

Considéré au point de vue du relief de son sol, le Département comprend deux régions bien distinctes. Sa partie Sud-Ouest occupée par des terrains de transition bouleversés par les effets de plusieurs révolutions terrestres, et au milieu desquels a surgi une chaîne granitique, présente un sol très-accidenté et montagneux. — C'est le commencement du Bocage normand. —

Le bassin secondaire, au contraire, forme un pays de plaines et de plateaux qui ne se trouve accidenté que par de légères éminences et quelques vallées.

Sous le rapport de l'aspect du pays, on peut encore établir plusieurs divisions très-tranchées dans la région secondaire.

Le plateau élevé qui occupe toute la partie orientale du Département au-delà de la Dives, ayant un sol composé sur toute son étendue d'argiles à silex donnant naissance à de bonnes terres à labour, particulièrement appropriées à la culture des céréales, l'aspect des campagnes y est complètement uniforme, et, partout où se retrouve ce même sol, dans l'Eure et dans toute la Seine-Inférieure, la campagne reprend le même aspect. Le manque de pierres, en forçant à construire les habitations en bois ou en briques, ajoute encore à cette uniformité.

Si on quitte ce plateau pour descendre dans les vallées, on entre dans les terrains jurassiques supérieurs dont les argiles forment un fond humide que recouvrent les pâturages si renommés du Pays-d'Auge, et on y trouve la culture des céréales remplacée par l'élève des bestiaux.

Là où les argiles cessent, en entrant dans la plaine de Caen, recommence la culture des céréales avec l'apparition de terrains calcaires, et la brique se trouve remplacée par le moëllon et la pierre de taille dans la construction des habitations.

La qualité des terres dans cette plaine, tient principalement aux alluvions qui l'ont recouverte ainsi que nous l'avons dit plus haut. Dans les endroits où ces alluvions manquent, les terres sont très-médiocres.

Un caractère saillant par lequel cette contrée forme contraste avec celles qui l'avoisinent, est la rareté des arbres dans la campagne. La cause en est principalement dans la difficulté qu'on éprouve à les élever partout où les alluvions n'ont qu'une faible épaisseur et où les lits de pierre horizontaux que rencontrent les racines s'opposent à leur développement.

La plaine de Caen s'étend jusqu'à la Seulles. Au-delà, recommence dans l'arrondissement de Bayeux (avec les marnes de Port-en-Bessin, les marnes du Lias, le Lias et les marnes rouges du Trias), une contrée basse, principalement composée de vallées séparées par de légères éminences, dont les terres mouillantes, peu convenables pour la culture des céréales, font d'excellents herbages. Les pièces de terre ayant peu d'étendue et étant entourées de haies dans lesquelles on laisse croître des arbres, le pays est très-boisé.

Il en est de même dans le Bocage où toutes les pièces de terre sont également entourées de haies. Aussi, dans les parties où le sol n'est pas très-accidenté, l'aspect général de la campagne y a-t-il de la ressemblance avec celui des environs de Bayeux.

Les terres du Bocage, de qualité médiocre, sont employées à des cultures variées, souvent peu productives. Les fonds des vallons arrosés par des ruisseaux, sont ordinairement en herbages.

Si on s'élève sur les hauteurs de grès siluriens, on y verra la culture diminuer graduellement et on ne trouvera plus, sur les sommets arides, qu'un peu de bois et des bruyères.

Les bruyères de Clécy et la vallée d'Auge sont, dans le département, deux extrêmes sous le rapport de la nature du sol et de ses produits.

Caen, décembre 1852.

L'Ingénieur des Mines,

H. Harlé.

www.ingramcontent.com/pod-product-compliance
Ingram Content Group UK Ltd.
Pitfield, Milton Keynes, MK11 3LW, UK
UKHW022142260726
13993UKWH00005B/2103